Bibliografische Information der Deutschen Nationalbibliothek:

Die Deutsche Bibliothek verzeichnet diese Publikation in der Deutschen National-
bibliografie; detaillierte bibliografische Daten sind im Internet über http://dnb.d-
nb.de/ abrufbar.

Impressum:

Copyright © 2005 GRIN Verlag, Open Publishing GmbH
Druck und Bindung: Books on Demand GmbH, Norderstedt Germany
ISBN: 9783640521852

Dieses Buch bei GRIN:

http://www.grin.com/de/e-book/143045/las-vegas-prototyp-urbaner-erlebniswelten

Paulina Holbreich

Las Vegas - Prototyp urbaner Erlebniswelten

GRIN Verlag

Kultur als Element regionaler Entwicklung

Prototyp urbaner Erlebniswelten – Las Vegas

Vorgelegt von: Paulina Holbreich

Inhaltsverzeichnis

1　EINLEITUNG ____ 1

2　WAS IST EINE ERLEBNISWELT? ____________________________ 2

3　HISTORISCHER ÜBERBLICK _______________________________ 4

4　ILLUSIONEN EINER KUNSTWELT ___________________________ 6

5　100 JAHRE LAS VEGAS _____________________________________ 8

6　SCHLUSSBETRACHTUNG ___________________________________ 13

LITERATURVERZEICHNIS _____________________________________ 16

1   Einleitung

Die rasante Entwicklung moderner Erlebniswelten hat in der Tourismusforschung zu einer großen Anzahl wissenschaftlicher Untersuchungen geführt. Mit dieser Arbeit wird zunächst versucht eine Erlebniswelt zu definieren, analysieren und Las Vegas als einen Prototyp urbaner Erlebniswelten vorzustellen. Im zweiten Kapitel werden Typologien herausarbeitet und untersucht was das Besondere an diesen Orten der Freizeit und des Konsums ist. Ein kurzer historischer Exkurs im dritten Kapitel, beleuchtet die Entwicklung von künstlichen Freizeitwelten. Die Evolution der Freizeitgestaltung vom antiken Freilichttheater der Griechen über die barocken Gärten der Franzosen bis hin zu den modernen Vergnügungsparks und ganzen Erlebnisstädten soll aufzeigen, dass diese Erscheinung keine Erfindung unserer Zeit ist, sondern eine facettenreiche Geschichte aufweist. Bei einer näheren Betrachtung wird erkennbar, dass die Illusionen dieser künstlich geschaffenen Welten Gemeinsamkeiten aufweisen und denselben Merkmalen folgen, wie dem äußeren Erscheinungsbild, einer inszenierten Harmonie und Mystik. Im letzten Abschnitt dieser Arbeit wird auf die historische Entwicklung der Stadt Las Vegas eingegangen. Diese Millionenstadt zählt zu den am meisten besuchten Städten dieser Welt, doch bietet sie ihren Besuchern nicht den gewöhnlichen Stadttourismus an mit Stadtrundfahrten, Museen und Opernbesuchen, sondern fesselt den Gast mit ihrer Vielfältigkeit an verschiedensten Entertainmentmöglichkeiten. Das Gambling, die Show und der Konsum sind in dieser Wüstenoase ineinander verschmolzen und bieten den Besuchern eine surreale Welt. Las Vegas zählt zu der am schnellsten wachsenden Region der USA. Seine unendlichen Unterhaltungsmöglichkeiten, vor allem am so genannten „Strip", der wohl glanzvollsten und teuersten Straße der Welt, locken seine Gäste mit architektonischen Meisterwerken hinter denen sich Casinos und Hotels verbergen. In diesem Zusammenhang wird auch der Begriff der „Disneyfizierung" definiert und seine positiven sowie negativen sozialen und wirtschaftlichen Auswirkungen näher erläutert.

Die Arbeiten der Autoren *Albrecht Steinecke, Marcus Wachter und Horst Opaschowski*, die sich mit Freizeitwelten, ihren Merkmalen, Entstehungsgeschichte sowie ihren Zukunftsperspektiven beschäftigt haben, sind in der vorliegenden Arbeit als theoretisches Grundgerüst verwendet worden.

2 Was ist eine Erlebniswelt?

In der Forschung werden viele verschiedene Definitionen (z.B. Scherrieb 1998) gebraucht, deshalb ist es schwierig künstliche Freizeitwelten begrifflich zu erfassen. Marcus Wachter, der sich in seinem Buch „Künstliche Freizeitwelten" sehr detailliert mit dieser Thematik beschäftigt versucht eine allgemeingülige Begriffsbestimmung:

„Künstliche Freizeitwelten sind Anlagen, in denen Freizeitzwecken dienende Einrichtungen verschiedener oder derselben Art vorhanden sind, wobei diese Einrichtungen in einem engen räumlichen und funktionellen Zusammenhang stehen. In den Anlagen wird durch gezielte inhaltliche, thematische und gestalterische Inszenierung eine Gegenwelt geschaffen, die unterhält, informiert und/oder pädagogische Ziele verfolgen kann." [1]

Zwei wichtige Begriffe sind in diesem Zusammenhang entscheidend. Zum einen ist es die Tatsache, dass diese Einrichtungen ausschließlich zu Freizeitzwecken genutzt werden und zum anderen das Moment der Inszenierung. Diese beiden Elemente prägen eine Erlebniswelt am meisten und sind maßgebend für diese Arbeit. Es werden vier Arten von Erlebniswelten unterschieden[2]:

- vom Menschen ursprünglich nicht als Attraktion errichtete Stätten
- vom Menschen errichtete, als Attraktionen konzipierte Stätten
- spezial events
- natürliche Attraktionen

Im Weiteren wird jedoch nur auf die vom Menschen errichtete, als Attraktionen konzipierte Stätten Bezug genommen. Attraktionen dieser Art werden bewusst als Anziehungsorte für die touristische Nachfrage oder für den Freizeitkonsum geplant und errichtet. Es sind meist multifunktionale und oft auch thematisierte Komplexe, die verschiedene kulturelle Einrichtungen wie etwa Musical-Theater, Sport- sowie Einkaufsmöglichkeiten beinhalten. Künstliche Freizeitwelten unterscheiden sich hinsichtlich ihrer Größe, Zielgruppen, Themenwahl und ihrer Gestaltung voneinander[3]. Um an dieser Stelle eine differenziertere Abgrenzung vorzunehmen und einen Eindruck von der Angebotsvielfalt solcher Einrichtungen zu gewinnen, folgt eine Typisierung nach *Albrecht Steinecke* [4]:

- Urban Entertainment Center (Shopping Center mit Gastronomie und Freizeitangebote)
- Themenpark (Disneyland, Heide Park)

---

[1] Wachter M. (2001): Künstliche Freizeitwelten: Touristisches Phänomen und kulturelle Herausforderung: Frankfurt a.M. : S. 57
[2] ebd.: 32
[3] ebd.: 41
[4] Becker C.(2003): Geographie der Freizeit und des Tourismus: München :127-129

- Ferienpark (Center Parcs)
- Wasserpark (Aqua Park z.B. in Antalya)
- Themenhotel (diverse Hotels in Las Vegas z.B. "Luxor")
- Themenrestaurant (Planet Hollywood)
- Musical-Theater (König der Löwen)
- Multiplex Kino (Cinemaxx)
- Science Center (Universum Science Center in Bremen)
- Indoor-Ski-Anlage
- Brand Corporate Land (Ravensburger Spieleland)

Alle diese Anlagen sind auf einen oder auf mehrere Bereiche an Freizeitaktivitäten spezialisiert und erfüllen alle in der Definition aufgeführten Bedingungen. Sie alle sind erlebnisorientiert und zielen alle auf eine Schaffung von einer Gegenwelt, die unterhält, informiert oder pädagogische Ziele verfolgt. Ihre Gestaltung richtet sich nach den aktuellen Freizeittrends, die jedoch einem schnellen Alterungsprozess unterliegen[5]. Der Markt muss also sehr schnell, flexibel und phantasievoll auf die neuen Bedürfnisse der Erlebnissuchenden reagieren und neue, spannendere und überwältigendere Erlebnisse generieren. Der Lebenszyklus einer Attraktion lässt sich nach *Wachter* [6] in fünf Phasen unterteilen:

I. Prädestination

II. Frühe Destination

III. Entwickelte Destination

IV. Reife Destination

V. Stagnierende Destination

In der ersten Phase gilt die Attraktion noch als Geheimtipp und die touristische Infrastruktur ist oft noch nicht vorhanden oder nur schwach ausgeprägt. Die einheimische Bevölkerung ist vom Tourismus nicht abhängig. Während der zweiten Phase entwickeln sich langsam die infrastrukturellen Einrichtungen um die Attraktion herum und es strömen die ersten Massen von Touristen in das Gebiet. Die Nachfrage übersteigt das Angebot und die einheimische Bevölkerung sieht die Chance am neuen Wirtschaftszweig zu partizipieren. Es kommt zu einem schnellen Wachstum der Destination. Danach, in der dritten Phase, rückt die ursprüngliche Attraktion in den Hintergrund, es entstehen neue Angebote, die jedoch meist mit der ersten Attraktion in Verbindung stehen. Der Tourismus ist nun die wichtigste Einnahmequelle der einheimischen Bevölkerung. Massen von Touristen besuchen regelmäßig das Gebiet. In der

---

[5] vgl. Wachter: 41
[6] ebd.: 44-47

Phase der reifen Destination beginnt ein Abschwung der Entwicklung, der häufig durch eine starke Konkurrenz auf dem Tourismusmarkt bedingt ist. Die Destination versucht durch Nachahmung anderer, erfolgreicherer Vorbilder im Trend zu bleiben, jedoch wirkt sie stereotypisch und verliert an Attraktivität. Die letzte Phase der stagnierenden Destination ist der Punkt, wo der Nachfragegipfel erreicht oder überschritten ist und die Attraktion durch ähnliche Angebote auf dem Markt substituierbar ist. Die einheimische Bevölkerung steht dem Tourismus zunehmend kritisch gegenüber.

Las Vegas wäre nach diesem Phasenzyklus in die dritte Phase, der entwickelten Destination, einzuordnen. Die Infrastruktur ist dort sehr gut ausgebaut, die Besucherzahlen belegen, dass diese Stadt von dem Massentourismus lebt und dieser die wichtigste Einnahmequelle ist. Im fünften Kapitel dieser Arbeit wird auf das Faktum, dass die ursprüngliche Attraktion, also das Glücksspiel, eher in den Hintergrund gerückt ist und die Entstehung und Entwicklung der neuen Themenhotels, sowie der zunehmenden Konsum- und Showorientierung des Tourismussektors, noch näher eingegangen.

Trotz des schnellen Alterungsprozesses, entstehen auf dem Markt immer wieder neue Erlebniswelten und die Strategen, die um die Kurzlebigkeit dieser wissen, planen und führen umfangreiche Marktanalysen durch, um den aktuellen Geschmack der „erlebnishungrigen" Bevölkerung zu treffen. Mit welchen Mitteln Planer künstliche Erlebniswelten attraktiv für den Konsumenten machen, wird im vierten Kapitel erläutert.

3 Historischer Überblick

Ein historischer Überblick soll in diesem Kapitel die gängige Meinung, dass die heutige „Erlebnissucht" der Menschen eine moderne Erscheinung ist, kritisch überprüfen und vielleicht dazu dienen die Motive hinter dem Wunsch nach Vergnügen zu erkennen.
Bei den heutigen Erlebniswelten handelt es sich keinesfalls um eine Erfindung unserer Zeit[7]. Vielmehr gab es schon in der Antike in den griechischen und römischen Gesellschaften ähnliche Attraktionen wie die griechischen Amphitheater. Die Inszenierungen enführten die Menschen in eine andere Welt, sodass sie ihren Alltag hinter sich ließen. Die Gladiatorenkämpfe, die bei den Römern sehr beliebt waren, zählen ebenfallst zu einer Art Attraktion. Die erwähnten, aus der Antike stammenden Attraktionen werden auch noch in unserer Zeit vom Touris-

---

[7] vgl. Becker: 129

mus in Szene gesetzt und nachgeahmt. Die heutigen Vergnügungsparks gehen auf die mittelalterlichen Volks- und Schützenfeste zurück[8]. Diese lagen oft außerhalb oder am Rande der Stadt. Heute wie damals waren diese aber keine permanenten Einrichtungen. Sie fanden nur zu besonderen Anlässen oder bestimmten Jahreszeiten statt. Als Beispiel fungieren heutzutage der Luna-Park, der Hamburger Dom oder der Wanderzirkus. Im Zeitalter des Barock im 17. Jahrhundert entstanden, meist in der Nähe der königlichen Paläste, Kunstlandschaften in Form von Ideallandschaften oder streng geometrisch angelegten Gärten. Frankreichs Äquivalenten waren Barockgärten, wie Vaux le Viconte oder Versailles. Ihre Anlage war mit einer radikalen Umgestaltung der Natur verbunden. Die Nutzung jedoch wurde nur dem König und dem Hofadel vorbehalten. Sie dienten ihnen als Schauplätze des höfischen Zeremoniells und als Bühne für Feste, Konzerte sowie Theater- und Opernaufführungen.[9]

Englische Landschaftsparks weisen dagegen einen natürlichen Charakter auf. Die Grenze zwischen Natur und künstlich gestalteter Landschaft verlief fließend. Jedoch war diese scheinbare Harmonie mit umfangreichen Geländeummodellierungen verbunden, wobei manchmal ganze Dörfer abgerissen werden mussten. Diese Parks wurden mit exotischen Elementen ausgestattet, wie z.B. verkleinerten Nachbauten der ägyptischen Pyramiden, griechischen Tempeln oder gotischen Ruinen. [10] Ähnliche Architekturlandschaften finden sich auch zu unserer Zeit in Las Vegas wieder. Die Pyramide des Casino-Hotels „Luxor" türmt sich mit 106m auf und ist damit fast so hoch wie das Original in Ägypten.

Am Ende des 19. Jahrhunderts suchte das aufstrebende Großbürgertum (Industrielle, Kaufleute) nach exklusiven Orten der Selbstdarstellung, an denen es den neu erworbenen Reichtum und den wachsenden politischen Einfluss zur Schau stellen konnte. Es entstanden so genannte Modebäder wie Baden-Baden, Karlbad oder Ems. Diese entwickelten sich schnell zu gesellschaftlichen Treffpunkten. Architektonisch wurden die Anlagen sehr luxuriös und großzügig angelegt. Man ließ die besten Architekten aus Paris und sogar Bühnenbildner zur Gestaltung der Inneneinrichtung kommen. Besonderen Wert legte man auf die Schaffung thematisierter Innenwelten. Das Konversationshaus in Baden-Baden wurde in einem orientalischen Dekorationsstil eingerichtet. Bei einem Besuch des Hauses zeigte sich sogar der Sultan Abdul-Medjid sehr beeindruckt und beauftragte die europäischen Architekten Teile seines Palastes in Istanbul „ orientalisch" zu gestalten. [11]

---

[8] vgl. Wachter: 59
[9] vgl. Becker: 130
[10] ebd.
[11] ebd.

Zu den Vorläufern der heutigen Erlebniswelten lassen sich auch die seit Mitte des 19. Jahrhunderts regelmäßig stattfindenden Weltausstellungen dazuzählen. Insbesondere die Pariser Weltausstellung 1900 übertraf alle anderen in der Darstellung und der Simulation von künstlich gestalteten Miniaturwelten. So wurden z.B. Ballonaufstiege und Fahrten mit der Transsibirischen Eisenbahn sowie eine Seereise nach Konstantinopel inszeniert und zwar inklusive Meerwind und Salzwasser. Die Besucher sollten so nicht nur visuell in eine andere Welt versetzt werden, sondern auch die Atmosphäre mit allen ihren Sinnen wahrnehmen können.[12]

Dieser historische Diskurs hat gezeigt, dass das Phänomen künstlicher Erlebniswelten nicht nur in unserem Jahrhundert vorhanden war. Die Vorläufer waren zwar geringeren Ausmaßes als die heutige Unterhaltungsindustrie, jedoch hatten die Menschen offensichtlich schon damals ein Bedürfnis nach einer kurzen Flucht aus der Realität in eine idealisierte, spannende und interessante Welt.

4 Illusionen einer Kunstwelt

Seit langer Zeit sehnt sich der Mensch nach Unterhaltung. Über 37 Millionen Menschen kamen im Jahr 2004 [13]nach Las Vegas und viele von ihnen waren sogar bereit, dafür um die halbe Welt zu reisen und dafür auch noch viel Geld auszugeben.

Nach *Steinecke* [14] lassen sich einige Merkmale zur Gestaltung von künstlichen Welten ableiten. Es sind die:

- *Beherrschung der Natur*
- *Schaffung von Illusionen*
- *Bildung von Mythen*
- *Nutzung von Symbolen*
- *Konstruktion von Ordnung*
- *der Einsatz innovativer Technik.*

Wie schon bereits erwähnt, variieren diese Eigenschaften von Fall zu Fall. Jedoch folgen sie alle ganz konkreten Bildern, sei es nun der englische Garten, der den Grundgedanken der *Beherrschung der Natur* inne hat oder die gezielte *Schaffung einer Illusion*, die sich in der strengen Abschottung von der Umgebung durch Büsche und Bäume ausdrückt. Genauso wird auch

---

[12] vgl. Becker: 131
[13] http://www.lasvegasnevada.gov/FactsStatistics/funfacts.htm
[14] vgl. Becker: 132

heute in Disneyland, in der Shopping Mall oder im Kasino versucht, die Menschen in eine andere Welt zu bringen, wo das Zeitgefühl der Menschen ausgetrickst wird und man nicht einmal weiß, ob es draußen kalt oder heiß, hell oder dunkel ist. Im Kasino gibt es keine Fenster, keine Uhren an der Wand, die den Besucher vom Spielen ablenken könnten.[15] Jede Art von äußeren Reizen wird vermieden, die den Besucher in die Realität holen könnten. Im Hotel „Mandalay Bay Resort" wird jede Art von Illusionsbruch, mittels Architektur, Lichteffekten und verschiedensten Animationen vermieden. Tropische Gewächse, künstliche Wellen im Salzwasserpool und Wasserfälle sollen dem Gast das Gefühl geben, er befinde sich irgendwo in einem tropischen Paradies in Burma und nicht in der Wüste von Nevada inmitten in einer Metropole. In diesem Zusammenhang ist der Begriff so genannter „Brain Scripts" oder Images von großer Bedeutung. *Ein Image ist die Vorstellung von den Eigenschaften eines Objekts, das bestimmte Assoziationen beim Betrachter hervorruft.* (eigene Definition auf Basis von Wachter) Die zuvor genannten Eigenschaften korellieren stark mit den Images. Die Merkmale der künstlichen Erlebniswelten sind also als Instrumente zur Gestaltung der Images zu sehen. So ist das Image eines idyllischen Fischerdorfes gestört, wenn dort statt mit Fischerbooten mit Schnellboten auf das Meer hinausgefahren wird. [16]

Nicht zuletzt hängt hier auch der Wert der Erlebnisangebote zu einem hohen Grad von authentischen Erfahrungen ab. Diese entstehen durch ein ausgewogenes und harmonisches Zusammenspiel vieler verschiedenen Faktoren. Dazu zählen das äußere Erscheinungsbild, die Atmosphäre, aber auch die Interaktionen mit den Menschen vor Ort.[17] In den Themenrestaurants wie im „Planet Hollywood" wird der Starkult der heutigen Gesellschaft ausgenutzt, um eine exklusive Atmosphäre zu schaffen. Um dies noch zu verstärken, laufen auf Großleinwänden Filmausschnitte mit Hollywoodstars. Kunstwelten sind also eine perfekte Inszenierung der Wunschbilder deren Besucher.

Dabei spielt der Einsatz von digitalen Kulissen und *innovativer Technik* eine sehr große Rolle. Die Fremont Street in Las Vegas ist mit einem kuppelförmigen Dach versehen, der mit Millionen von kleinen Glühbirnen ausgestattet ist. Allabendlich findet an diesem künstlichen Himmel eine Media-Show statt.[18] Ohne technische Hilfsmittel würde eine Stadt wie Las Vegas gar nicht existieren können. Die einzelnen Casinos verbrauchen soviel Strom wie eine

---

[15] http://www.ruhr-uni-bochum.de/chicago/lasvegas/index.html
[16] Wachter: 126
[17] ebd.:125
[18] www.vegas4you.de/attrakti.htm

Kleinstadt und die monatlichen Rechnungen belaufen sich auf Millionen.[19] Die perfekte Show braucht eben mehr als ein Paar Lichteffekte, um das Publikum zu beeindrucken.

Künstliche Freizeitwelten erfinden die Welt neu, ohne unangenehme Eigenschaften. Alles ist schön, unversehrt, ästhetisch und unverfälscht. Diese Konzentration auf das Schöne ist ein bedeutendes Kriterium dieser Kunstwelten und zugleich das Hauptargument ihrer Kritiker.[20] Diese werfen den Erlebniswelten vor, den Menschen falsche Abbilder der realen Welt zu vermitteln und die Natur sozusagen entbehrlich zu machen. Jedoch ist es auch unrealistisch zu glauben, dass ein Mensch, der ein Wochenende in Las Vegas verbringt seinen Realitätssinn verliert hat. Der Besucher erkennt die Täuschung zwar, doch er lässt sich trotzdem von den Images verführen und wenigstens für eine kurze Zeit daran glauben. Es ist eine freiwillige Hingabe an die erzeugte Illusion dieser Kunstwelt.

5 100 Jahre Las Vegas

Der Ort, der noch vor 100 Jahren nur eine Oase inmitten der heißen Wüste Nevadas war, ist heute zu einer Millionenstadt geworden. Die Quelle, die sich nördlich des heutigen Stadtzentrums befand brachte Las Vegas seinen Namen ein. Übersetzt heißt Las Vegas- die Wiese. Der Ort wurde zum Zwischenstopp auf der Ost-West Route vieler Reisender. Die erste feste Siedlung wurde 1854 von den Mormonen gegründet, die später jedoch zu einer Ranch umgestaltet wurde. 1903 wurde diese Ranch an die „Salt Lake" Eisenbahngesellschaft für 55.000US$ verkauft, welche dieses wiederum in 1200 Teilgrundstücke parzellierte und am 15. Mai 1905 für insgesamt 265.000 US$ an Spekulanten und Investoren versteigerte. Die Stadt Las Vegas war damit offiziell gegründet.[21] Das erste Hotel, das „Golden Gate Hotel", wurde 1906 eröffnet. Jedoch verbot der Staat Nevada 1910 das Glücksspiel und auch den Ausschank von Alkohol, da vor allem das Erstgenannte die Kriminalität und Gewalt in der Stadt förderten. Mit dem Bau des „Hoover-Staudamms" von 1931 - 1935, der die Energie- und Wasserversorgung (Mead Stausee) der Wüstenstadt gewährleisten sollte, kamen über 5000 Arbeiter nach Las Vegas.[22] Während der Great Depression (Börsenkrach) erlaubte Nevada am 17. März 1931 das Glücksspiel, sowie später auch den Alkoholausschank, um das Wirtschaftswachstum zu fördern. Neben dem Glücksspiel ist in Nevada traditionell auch - als

---

[19] N-TV Reportage 11.20005
[20] Opaschowski in : Kathedralen und Ikonen des 21. Jahrhunderts: 49
[21] http://www.lonelyplanet.com/worldguide/destinations/north-america/usa/las-vegas/essential?a=culture
[22] http://www.spiegel.de/reise/metropolen/0,1518,346321,00.html

einzigem Bundesstaat der USA - die Prostitution in einigen Counties legal, explizit jedoch nicht in Clark County/Las Vegas.[23]

Das erste Casino-Hotel „Flamingo" eröffnete 1946, ausgestattet mit einer Badelandschaft lud es seine Besucher zu einem Erholungsurlaub ein, verbunden mit zahlreichen Gelegenheiten sich beim Glücksspiel zu versuchen. Der Besitzer war der New-Yorker Mafiosi Benjamin Siegel, der seine Idee eines Kasinohotels mit seinem Leben bezahlen musste, da dieses kostspielige Projekt anfangs nur Verluste einbrachte und seinen Kompagnons missfiel. Die Mafia, die der Stadt den Namen „Sin-City" einbrachte und durch Prostitution sowie betrügerisches Glücksspiel profitierte, wurde erst in den 60er Jahren aus der Stadt herausgedrängt. Der Milliardär Howard Hughes zog in die Stadt und begann Hotels und Kasinos der Mafia abzukaufen.[24] Seinem Beispiel folgten später Jay Sarno, Kirk Kerkorian und Steve Wynn, der schließlich zum Ende der 80er Jahre eine Trendwende in der Stadt der Sünde einleitete und mit dem Bau von Fünf-Sterne-Hotels eine zahlungskräftigere Kundschaft anlockte. Diese Entwicklung bewirkte, dass die Nackt-Bars und die illegale Prostitution in die Seitenstraßen des Strip gedrängt worden. Das familienorientierte Konzept „City of Entertainment", als dessen Initiator der Bauherr Steve Wynn gilt, setzte sich durch.[25]

630 Millionen Dollar teuer, 30 Stockwerke hoch und mit über 3000 Zimmern eröffnete 1989 das größte bis dahin je am Strip gebaute Hotel „Mirage". Nicht nur die äußere Gestalt beeindruckte und übertraf alle anderen, noch mit Neon-Fassaden ausgestattete Hotels wie das „Golden Nugget", sondern auch die Innenarchitektur und die ungewöhnliche Einrichtung, wo man hinter Glaswänden weiße Tiger hielt und in einem Aquarium Haie schwammen, erregten Aufsehen über die Stadtgrenzen. Die Stadt der Neonfassaden erlebte einen rasanten Wandel zu einem Fantasieland, das nicht nur nachts, sondern rund um die Uhr pulsierte. Das alte Vegas, das bis zu diesem Zeitpunkt nur von Spielern und Gangstern aufgesucht wurde, sollte von nun an durch das neue Las Vegas, das vielfältige Unterhaltungsmöglichkeiten und Attraktionen für die ganze Familie bot, ersetzt werden. Die Stadt glich nun mehr Disneyland als einer SinCity und Fantasy-Installationen wie die „Buccaneer Bay" des „Treasure Island Hotels", die tanzenden Fontänen des „Bellagio" oder die Piazza des „Venetian" sowie so genannte people mover (elektrische, gelegentlich überdachte und klimatisierte Laufbänder), schufen eine neue künstliche urbane Erlebniswelt. [26]

---

[23] vgl. Hahn, B.: Die USA: vom Land der Puritaner zum Spielerparadies,
[24] vgl. Kohlenberg, K : Alles auf eine Karte: in DIE ZEIT vom 04.05.2005 Nr.19
[25] http://lasvegas.about.com
[26] http://www.heise.de/tp/r4/artikel/3/3488/2.html

Laut der offiziellen Website www.lasvegasnevada.com [27] kommen jährlich über 34 Millionen Touristen nach Vegas, im Vergleich waren es 1970 nur 6,7 Mio. Mit dem aufkommenden Massentourismus erlebte die Stadt in den 80er Jahren ein rasantes Wachstum. Jährlich wuchs die Bevölkerung um ca. 7% und verdoppelte sich im Zeitraum von nur 10 Jahren. 1995 lebten in Las Vegas 368 360 Einwohner. Im Jahr 2004 betrug diese Anzahl schon 559 824 Einwohner in der Kernstadt und im Metropolgebiet Clark County über 1,7 Mio. Bemerkenswert ist hierbei das durchschnittliche Alter der Menschen, das bei nur 34,5 Jahren liegt und das niedrigste der USA ist. Das hängt damit zusammen, dass die Hotels inbesondere junge Menschen anwerben, die ihrerseits angezogen werden von dem weltweiten Ruhm dieser Stadt. Der Tourismus stellt die wichtigste Einnahmequelle und den bedeutendsten Wirtschaftsfaktor dar. Die Erlöse aus der Tourismusbranche beliefen sich auf über 33 Milliarden US$ im Jahr 2004. Allein die Kasinos erzielten einen Umsatz von 4,5 Mill.US$. Die Hotels stellen insgesamt 150 000 Betten zur Verfügung, die eine Auslastungsquote von 90% aufweisen können. Größter Arbeitgeber ist „Caesars Entertainment" mit 54 000 Angestellten sowie das „MGM Mirage", das insgesamt 14 Häuser kontrolliert. [28]

Das Herz Las Vegas` ist der Strip, der 10 km lange Las Vegas Boulevard, wo sich ein Hotel an das andere reiht. Jedes Hotel ist eine Welt für sich. Der Trend, der seit Anfang der 90er Jahre den Strip beherrscht, ist der Bau von Themenhotels. Dabei handelt es sich um Anlagen, die Städte wie Luxor, Paris, Monte Carlo, Venedig oder New York in ihrer Architektur nachahmen und zwar so gut, dass Besucher, die das Original noch nie gesehen haben, diese künstlichen Welten mit der Realität gleichsetzen könnten. Dabei stört es keinen, dass „das im „Luxor"-Hotel nachgebaute Babylon in Wirklichkeit gar nicht in Ägypten liegt".[29] Auch Paris und New York liegen hier in engster Nachbarschaft. Der Eiffelturm und der Triumphbogen täuschen die Romantik von Paris vor. Das Hotel „New York" fällt durch seine 12 Wolkenkratzer, eine Nachahmung der Freiheitsstatue und die 90 Meter lange Brooklyn-Brücke auf.

Die meisten Hotels bieten seinen Besuchern so viele Möglichkeiten zu Gestaltung der Freizeit an, dass es manchmal gar nicht nötig ist, das Hotel zu verlassen. Shoppingzentren, Bars, Restaurants, Discos, Badelandschaften, verschiedenste Attraktionen wie Musicals, Magier-Shows und Opernaufführungen, sowie Haifisch-Tauchen und Surfen lassen den Las Vegas Urlaub sehr vielfältig gestallten. Alle Hotels besitzen eigene Kasinos, wo die Besucher ihr Geld in Spielmaschinen an Spieltischen für Roulette, Black Jack und Baccarat verspielen

---

[27] http://www.lasvegasnevada.com
[28] vgl. Hahn
[29] ebd.

können. Das tun die meisten Touristen sehr gerne und lassen im Durchschnitt 665 US$ [30] in Kasinos, Shows und anderen Freizeitmöglichkeiten, die sie an den durchschnittlich vier Tage langem Aufenthalt in dieser Erlebniswelt ausgeben. Klimatisierte Einkaufsstrassen mit Gartenrestaurants, Souvenir- und Spezialitätenläden unter einem künstlichen blauen Tageshimmel oder einem mit Sternen übersäten Nachthimmel laden zu jeder Tages- oder Nachtzeit zum Konsum ein. Las Vegas' Bekanntheitsgrad gehört aber nicht nur der Spiel- und Glitzerwelt, sondern auch den Heiratskapellen. Sie bieten eine der wenigen Möglichkeiten, sich in kürzester Zeit trauen zu lassen und sind Anziehungspunkt vieler Paare aus der ganzen Welt geworden. Über 70% der Besucher sind „Wiederholungstäter" und kommen noch mindesten ein Mal wieder.

Jedoch ist dieser scheinbar positive Wandel und die rasante Entwicklung der Stadt auch von einigen Investoren negativ bewertet worden. Die Familien geben zwar viel Geld für die Shows, Shopping u.ä. aus, jedoch verspielen die meisten nicht mehr so viel Geld an den Spieltischen in den Kasinos selbst. Die meist niedrigen Hotelzimmerpreise sollten bei den Besuchern bewirken, dass sie mehr Geld im Kasino verspielen, jedoch kamen viele Familienurlauber, die meist weniger Zeit in den Kasinos, als bei verschiedenen Attraktionen verbringen. Das Las Vegas „Hilton" hat deshalb das Konzept „Family Las Vegas" abgelehnt und setzt auf Luxus und hohe Zimmerpreise für zahlungskräftigere Spieler, „die bereit sind auch sehr viel Geld zu verlieren." [31] Denn ohne die Steuereinnahmen aus dem Glücksspiel könnte die wachsende Stadt ihre Ausgaben nicht finanzieren. Nevada ist eines der US-Staaten ohne eine Einkommenssteuer. Aus diesem Grund ist dieser Wüstenstaat in den letzten Jahren nicht nur zu einem Magneten für jüngere Leute, sondern auch für Rentner geworden, und rangiert laut dem US-Census Bureau unter den top-ten der Migrationsrate der über 65-jährigen Bevölkerung im Zeitraum 1995-2000. [32] Wenn dieser Trend anhält, könnte Nevada schon sehr bald in Konflikt mit den erhöhten sozialen Aufwendungen wie z.B. den Gesundheitsausgaben geraten.

Auch die Beschäftigtenstruktur ist kritisch zu betrachten, denn obwohl in den USA ab den 70er Jahren der Dienstleistungssektor immer mehr an Bedeutung gewonnen hat, liegt der Prozentanteil der im Tourismus und mit diesem Wirtschaftszweig zusammenhängenden Sektoren [33] in Las Vegas bei fast 80%. Die Stadt ist also extrem abhängig von den von Außen getätigten Einnahmen aus dem Tourismus. (siehe Tabelle 1)

---

[30] http://www.insidervlv.com/visitorstatistics3.html
[31] Hahn
[32] http://www.census.gov/prod/2003pubs/censr-10.pdf
[33] Construction, Transportation, Utilities and Communic, Services, Hotels, Lodging, Entertainment

Employment source	U.S. 1970	U.S. 2000	Los Angeles (a)	Las Vegas
Agriculture	4.4%	2.4%	0.3%	0.0%
Mining	0.7%	0.4%	0.1%	0.2%
Construction	6.1%	7.0%	5.6%	9.0%
Manufacturing	**26.4%**	**14.7%**	**14.8%**	**3.2%**
Transportation, Utilities and Communications	6.8%	7.2%	10.4%	5.7%
Wholesale and Retail Trade	19.1%	20.6%	15.0%	21.6%
Finance, Insurance and Real Estate	5.0%	6.5%	6.7%	4.7%
Services	**25.9%**	**36.8%**	**43.6%**	**44.6%**
Hotels, Lodging, Entertainment	**2.1%**	**3.1%**	**8.9%**	**24.8%**
Public Administration	5.7%	4.4%	6.1%	10.8%

Quelle: http://moneycentral.msn.com/content/RetirementandWills/P81804.asp

<u>Tabelle 1</u>

Diese Stadt ist zwar ein „Prototyp des postindustriellen Kapitalismus, der keine Güter produziert, sondern ausschließlich Erlebnisse" [34] , doch laut Richard Florida, steckt Las Vegas „in paradigms of old economic development" and is losing its "economic dynamism" to his winners".[35] Zwar steckt in der Erlebnisindustrie noch viel Entwicklungspotenzial, jedoch konnte kein anderer Wirtschaftszweig in Las Vegas Fuß fassen und zum zweiten Standbein werden. Es ist also fraglich, ob eine Metropole, die im Zeitraum 1990-2000 auf Platz 1. im Bevölkerungswachstum und auf Platz 3. im Zuwachs an Arbeitsplätzen rangierte[36], nur durch Impulse aus der Freizeitindustrie sich weiterentwickeln kann ohne durch den relativ schnellen Alterungsprozess von Attraktionen, wie bereits im zweiten Abschnitt dieser Arbeit erwähnt, in ihrem Wachstum gebremst zu werden. Ein mögliches Anzeichen für die relativ schwache qualitative Entwicklung im Vergleich zu anderen Städten der USA wäre der geringe Zuwachs des Einkommens pro Kopf, denn Las Vegas liegt nur auf Platz 294 von 315 in den USA. [37]

Im creativity index in Florida's Buch "The rise of the Creative Class" steht Las Vegas auf Platz 47 des Städte-Rankings nach Memphis und Norfolk. (Tabelle 2) Dieser Index setzt sich

---

[34] Kohlenberg

[35] Florida, R. (2005): Cities and the creative class: New York

[36] Florida, R. (2002): The rise of the creative class: New York

[37] ebd.

zusammen aus den Indizes coolness, high-tech, creativity, innovation und diversity. Nur bei der letztgenannten Kategorie liegt Las Vegas auf Platz 5 der US-Amerikanischen Metropolen, bei den anderen besetzt die Stadt nur die unteren zehn.

Bottom Ten Cities

City	Creativity Index	%Creative Workers	Creative Rank	High-Tech Rank	Innovation Rank	Diversity Rank
49. Memphis	530	24.8	47	48	42	41
48. Norfolk, VA	555	28.4	36	35	49	47
47. Las Vegas	561	18.5	49	42	47	5
46. Buffalo	609	28.9	33	40	27	49
45. Louisville	622	26.5	46	46	39	36
44. Grand Rapids	639	24.3	48	43	23	38
43. Oklahoma City	668	29.4	29	41	43	39
42. New Orleans	668	27.5	42	45	48	13
41. Greensboro	697	27.3	44	33	35	35
40. Providence	698	27.6	41	44	34	33

Quelle: http://www.washingtonmonthly.com/features/2001/0205.florida.html

<u>Tabelle 2</u>

Aus den oben aufgeführten Ergebnissen folgert Florida, dass Las Vegas ein gutes Beispiel für den "low-quality-growth" sei. Sie weise einen großen Mangel der Kreativen auf, der hier nur einem Prozentanteil von 18,5% entspricht.

6 Schlussbetrachtung

Entertainment Center, Themen- und Vergnügungsparks, Erlebnisbäder und Shopping Malls: Der Aufstieg dieser modernen Erlebniswelten wäre nicht möglich ohne bedeutende Veränderungen in der Bewertung der Freizeit in unserer Gesellschaft. Die Menschen haben offenbar immer mehr Freizeit und Lust zum Konsumieren. Es ist jedoch eine neue Art und Weise des Konsums, nicht materieller Natur, sondern in Form von Glücksmomenten und Erlebnissen. Menschen wollen einen Nutzen aus ihrer arbeitsfreien Zeit erzielen, sie nicht mehr zu Hause verbringen und sich vom anstrengenden Alltag erholen, sondern sie mögen unterhalten werden und in eine Gegenwelt eintauchen, wo Stress und unerfüllte Sehnsüchte durch neue Eindrücke, Erlebnisse und Traumwelten für sie perfekt inszeniert werden.

Der Tourismusmarkt hat diesen Trend längst erkannt und baut ihn immer weiter aus. Las Vegas ist ein Paradebeispiel für eine solche Erlebniswelt. Diese Stadt spiegelt alle aktuellen Entertainment-Trends wider, generiert sie selbst und ist ein Prototyp der so genannten „Disneyifizierung" von urbanen Räumen. *Diese bezeichnet im Allgemeinen den Wandel einer Großstadtregion auf dem Weg in eine marktwirtschaftlich orientierte, von großen Unterhaltungskonzernen beherrschte Freizeit- und Dienstleistungsgesellschaft und dessen soziale*

Auswirkungen.[38] Die Merkmale der Disneyfizierung sind deshalb die Inszenierung von Urbanität, die multimediale Vermarktung, die Ausgrenzung Benachteiligter und die soziale Polarisierung. Die Unterhaltungsindustrie trägt dazu bei Touristenströme und einkommensstarke Bevölkerungsgruppen anzuziehen. Las Vegas ist ein Konsumprodukt, das weit über die Landesgrenzen, in der ganzen Welt in Reisereportagen, Zeitschriftenartikeln und Internet vermarktet wird. Über 13% der Touristen kamen in Jahr 2004 aus dem Ausland.[39] Tendenz steigend. Auch der wachsende Tourismussektor, in dem immerhin über 80% aller Bewohner Las Vegas` beschäftigt sind ist ein Merkmal der Disneyfizierung. Die Stadt gerät in in eine zunehmende Abhängigkeit von großen Unterhaltungskonzernen, die eine unwirkliche Entertainment-Urbanität konstruieren. Jedoch gibt es nach *Opaschowski* [40] auch mehrere positive psychologische, ökonomische sowie ökologische Argumente. Erlebniswelten bieten eine fast perfekte Lösung aller negativen Umwelteffekte, die der Massentourismus in natürlichen Ferienorten verursacht. Freizeitwelten konzentrieren die Verschmutzung und die Zerstörung der Landschaft auf die künstlich geschaffenen Gebiete, die mit einem relativ geringen Aufwand wieder in Ordnung gebracht werden können. Auch aus ökonomischer Sicht sind sie sehr ertragreich, wenn auch oft nur für einen kürzeren Zeitraum als die natürlichen Urlaubsorte. Sie ziehen viele Menschen an und treffen offenbar den Massengeschmack. Die hohen sozialen Kosten, die hier bis jetzt vernachlässigt wurden, überschatten jedoch diese positiven Auswirkungen. Die geringen Löhne in der Dienstleistungsbranche und ein niedriger Bildungsstand, der dort beschäftigten Menschen sind ein deutliches Anzeichen der zunehmenden Polarisierung der Gesellschaft. In Las Vegas ist die niedrige Quote der Hochschulabsolventen (45% im Zeitraum 1998-2002)[41] kennzeichnend dafür, dass viele Jugendliche ihre Zukunft auch ohne eine Ausblidung sehen und eher bereit sind, in der schlechter bezahlten Tourismusbranche zu arbeiten, als lange Studienzeiten auf sich zu nehmen. In Las Vegas sind die Löhne der Kasino-Mitarbeiter aber um ca. 40% höher als anderswo in den USA, weil sich die Beschäftigten in Gewerkschaften zusammengeschlossen und Tarife durchgesetzt haben.[42] Dieser Teilerfolg aus den 80er Jahren ist jedoch kritisch zu bewerten und bildet möglicherweise keine gute Basis für die zukünftige Entwicklung dieser Stadt. Sie braucht Fortschritt und zwar nicht nur in dem Tourismussektor, der viel Geld bringt, aber die Stadtbewohner, vernachlässigt. In der Zukunft soll Las Vegas anders wachsen, meint der ehemalige Präsident der Bank of Las Vegas: „Die kreative Klasse, die Leute mit Ideen, die in der Gentechnik arbeiten, Ho-

---

[38] vgl. Roost: 11
[39] http://www.insidervlv.com/visitorstatistics2.html
[40] Opaschowski in: Steinecke: 48
[41] http://www.lasvegassun.com/sunbin/stories/nevada/2005/dec/02/120210249.html
[42] vgl. Hahn

meland-Security oder Software entwickeln"[43], sollen Las Vegas in anderen Wirtschaftsbereichen zu noch mehr Wachstum verhelfen. Im Rahmen des Stadtentwicklungsplanes „Renaissance downtown Las Vegas" wird ein „arts district" geplant, ein Stadtteil, wo Wohnen, Arbeiten und Freizeit auf einem engen Raum miteinander verflochten sein werden. Dieses Projekt könnte der Anfang einer parallelen Entwicklung sein, die möglicherweise bald auch die kreative Klasse nach Las Vegas bringen könnte.

---

[43] Kohlenberg

Literaturverzeichnis

Becker C. (2003) : Geographie der Freizeit und des Tourismus: München.

Denton, S. (2001): The money and the power: The making of Las Vegas and its hold on America, 1947 - 2000 : New York

Florida, R. (2005): Cities and the creative class: New York

Florida, R. (2002): The rise of the creative class: New York

Hahn, B.(2005): Die USA: vom Land der Puritaner zum Spielerparadies. In: Geographische Rundschau: Januar 2005

Kagelmann, H.J. (2004): Erlebniswelten. Zum Erlebnisboom in der Postmoderne: München

Kohlenberg, K : Alles auf eine Karte: in DIE ZEIT vom 04.05.2005 Nr.19

Opaschowski, H.W. (1998) : Kathedralen des 21. Jahrhunderts. Die Zukunft von Freizeitparks und Erlebniswelten: Hamburg

Opaschowski, H.W. (2000): Kathedralen des 21. Jahrhunderts. Erlebniswelten im Zeitalter der Eventkultur: Hamburg

Steinecke, A.(2000): Erlebnis- und Konsumwelten: München/Wien

Roost,F.(2000): Zur Disneyfizierung der Städte. Stadt Raum und Gesellschaft: Bd. 13 Opladen

Wachter M. (2001): Künstliche Freizeitwelten: Touristisches Phänomen und kulturelle Herausforderung: Frankfurt a. M.

Waldherr, G. (2000): Echt Falsch: in Geo Special: Nr. 3

Internetquellen (letzter Zugriff 30.01.06 um 15:19):

http://www.spiegel.de/reise/metropolen/0,1518,346321,00.html

http://www.zeit.de/2005/19/Las_Vegas

http://www.pro-qm.de/Texte/ronneberger.html

http://de.wikipedia.org/wiki/Las_Vegas

http://www.touristiklinks.de/stadt/las_vegas/zahlen/

http://www.ruhr-uni-bochum.de/chicago/lasvegas/index.html

http://www.insidervlv.com/visitorstatistics3.html

http://lasvegas.about.com/gi/dynamic/offsite.htm?zi=1/XJ&sdn=lasvegas&zu=http%3A%2F
%2Fwww.1st100.com%2Fpart3%2Fwynn.html

http://www.heise.de/tp/r4/artikel/3/3488/2.html

BEI GRIN MACHT SICH IHR WISSEN BEZAHLT

- Wir veröffentlichen Ihre Hausarbeit, Bachelor- und Masterarbeit

- Ihr eigenes eBook und Buch - weltweit in allen wichtigen Shops

- Verdienen Sie an jedem Verkauf

Jetzt bei www.GRIN.com hochladen und kostenlos publizieren